Bibliographic information published by the German National Library:

The German National Library lists this publication in the National Bibliography; detailed bibliographic data are available on the Internet at http://dnb.dnb.de .

Imprint:

Print and binding: Books on Demand GmbH, Norderstedt Germany
ISBN: 9783668561939

This book at GRIN:

http://www.grin.com/fr/e-book/375157/les-fondamentaux-du-laser

Nabil Safta

Les fondamentaux du laser

GRIN Publishing

Université de Monastir

Faculté des Sciences de Monastir

Département de Physique

****

Manuel de cours intitulé

Les fondamentaux du laser

rédigé par

Nabil SAFTA
Maître de Conférences

Années Universitaires : 2010 – 2011 à 2014- 2015

Prolégomènes

Certes Einstein avait prévu le phénomène d'émission stimulée dès 1927, mais il a fallu attendre jusqu'en 1960 pour que la première réalisation du laser puisse voir le jour. Ce fut sous la forme du maser optique à rubis construit par Maiman. Environ cinquante ans après leur découverte, les lasers se révèlent toujours un axe de recherche à la fois prometteur et actif dont les applications sont de plus en plus pertinentes et de grand intérêt.

Ceci a constitué la motivation principale qui nous a incité à rédiger ce manuel de cours qui s'articule autour des fondamentaux du laser. Nous nous sommes attachés à présenter un contenu simple qui met en relief les notions élémentaires de la physique du laser sans renter dans des détails complexes qui risquent de nuire au message principal que nous voulons transmettre essentiellement aux étudiants débutants en l'occurrence ceux de la licence. Ainsi, nous avons évité les calculs fastidieux qui caractérisent en général des formalismes mathématiques laborieux. Notre démarche consiste donc à vulgariser la présentation de ce cours afin qu'il soit facile d'accès.

En bref, ce manuel offre le tout premier contact avec les propriétés du laser et ouvre la voie pour approfondir amplement ses connaissances à ce sujet.

Le chapitre 1 est dédié à des généralités au sujet de la lumière laser.

Le chapitre 2 présente les mécanismes d'émission spontanée, d'absorption et d'émission stimulée.

Dans le Chapitre 3, nous focalisons l'intérêt sur le principe de base du laser

Le Chapitre 4 décortique chacun des éléments qui constituent le dispositif laser.

Le Chapitre 5 donne et explique la nature mathématique du faisceau laser en mettant en relief les propriétés de son extension spatiale.

Dans le Chapitre 6, il est question de passer en revue les différents types des lasers.

Enfin, le Chapitre 7 est consacré à la présentation des quelques applications des lasers.

Table des matières

Liste des figures

Chapitre 1

Généralités sur la lumière laser

1.1 Source monochromatique

1.1.1 Introduction

Une source monochromatique émet un rayonnement électromagnétique représenté par une onde progressive sinusoïdale associée à une longueur d'onde bien déterminée. A une dimension et en notation complexe, le champ électromagnétique s'exprime, en fonction de la variable x et du temps t, comme étant :

$$A \exp\, i(k\,x - \omega\,t)$$

où k est le nombre d'onde et ω est la pulsation de l'onde ; k est liée à la longueur d'onde λ par la relation :

$$k = \frac{2\pi}{\lambda}$$

ω est liée, respectivement, à la période temporelle T et à la fréquence ν comme suit :

$$\omega = \frac{2\pi}{T}$$

et

$$\omega = 2\pi\nu$$

1.1.2 Gammes de longueurs d'onde

* Longueur d'onde λ supérieure à 10^{-11} m : Photons super-énergétiques. Ce sont les photons gammas, produits lors des réactions nucléaires, des désintégrations des particules... Ces photons sont arrêtés par notre atmosphère, mais sont extrêmement dangereux.

* λ située entre 10^{-11} et 10^{-8} m : Rayons X, les mêmes que ceux utilisés pour effectuer des radios en médecine.

* λ située entre 10^{-8} et 4 x 10^{-7} m : Il s'agit des rayons ultraviolets (U.V) qui assurent, entre autres, le bronzage.

* λ située entre 4 x 10^{-7} et 8 x 10^{-7} m: c'est la lumière visible par l'œil humain. Le violet qui est le rayonnement visible le plus énergétique, a une longueur d'onde de 400 nm (4 x 10^{-7} m) alors que le rouge, correspondant à la radiation visible la moins énergétique, rayonne dans les 800 nm (8 x 10^{-7} m) (Figure 1.1).

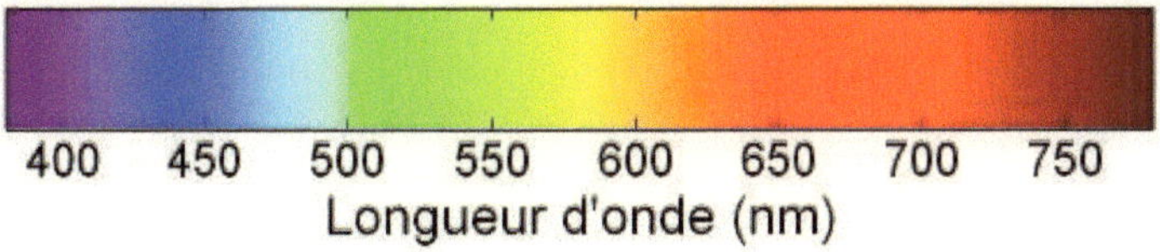

Figure 1.1 : Gamme du visible

* λ située entre 8 x 10^{-7} et 2 x 10^{-4} m: il s'agit ici des rayons infrarouges (I. R).

* Pour une longueur d'onde supérieure à 2 x 10^{-4} m jusqu'à 10 km, c'est le domaine des ondes radios.

1.2 Source réelle

Une source réelle n'est pas monochromatique et émet un rayonnement sur un intervalle de longueur d'onde de largeur $\Delta\lambda$ non nul et centré autour d'une longueur d'onde λ_0 (Figure 1.2). La monochromaticité d'une source est son aptitude à émettre un rayonnement situé dans un intervalle de longueur d'onde $\Delta\lambda$ très faible.

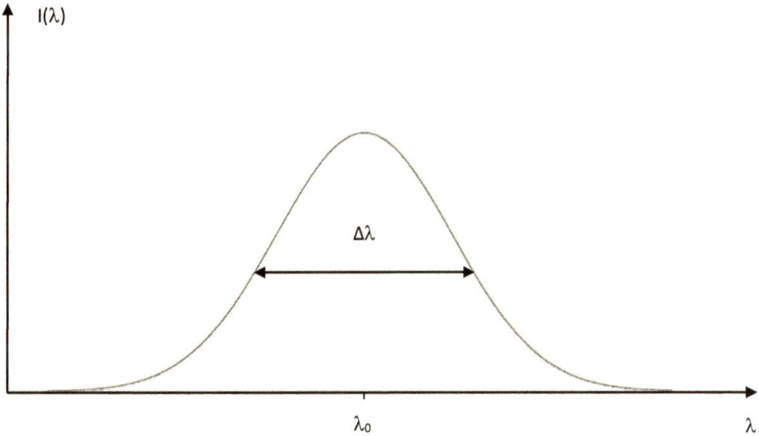

Figure 1.2 : Intensité spectrale d'une source réelle

1.3 Signification du mot LASER

Le mot « Laser » est une abréviation anglo-saxonne qui signifie « Light Amplification by Stimulated Emission Of Radiation ». En Français, le laser signifie « Amplification de Lumière par Emission stimulée de Radiation ».

1.4 Caractéristiques du faisceau laser

Le rayonnement Laser se distingue par :

(i) sa monochromaticité : la couleur de la lumière émise est extrêmement pure de sorte qu'elle correspond à une onde quasi-monochromatique ($\Delta\lambda = 10^{-12}$ m),

(ii) la directivité de son émission : toute la lumière est concentrée dans un pinceau rectiligne extrêmement fin appelé rayon laser. (Ce dernier est de l'ordre de 10^{-12} m),

(iii) la valeur élevée de son intensité pour une longueur d'onde et une direction bien déterminées

1.5 Avantages du laser

Le Laser présente l'avantage de pouvoir compromettre entre ces trois caractéristiques.

1.5.1 Compromis intensité – monochromaticité

Ce compromis est traduit par l'intensité spectrale **I(λ)** définie par [1]:

$$dI = \mathcal{J}(\lambda)\,\Delta\lambda$$

où dI est l'intensité (exprimée en $W.m^{-2}$) émise dans l'intervalle spectral $\Delta\lambda$. Ainsi, plus $\mathcal{J}(\lambda)$ est élevée plus le compromis est assurée ce qui correspond à une lumière à la fois intense et monochromatique. $\mathcal{J}(\lambda)$ s'exprime en $W.m^{-3}$.

Lorsque $\mathcal{J}(\lambda)$ est constante dans l'intervalle $\Delta\lambda$ alors l'intensité émise dans cet intervalle s'écrit :

$$I = \mathcal{J}(\lambda)\,\Delta\lambda$$

Exemples

(i) Laser He-Ne (Longueur d'onde **λ= 632,8 nm,** largeur spectrale **$\Delta\lambda$ = 2.10^{-12} m)**
L'intensité du rayonnement, supposée uniformément répartie sur la section du faisceau vaut :

$$\mathbf{I = 4\ kW.m^{-2}}$$

L'intensité spectrale de rayonnement est donnée par :

$$\mathcal{J}(\lambda) = I / \Delta\lambda = 2.10^{15}\ W.m^{-3}$$

(ii) Lumière solaire

$$\mathcal{J}\ (\lambda = 632,8\ nm) = 4\ 10^{13}\ W\ m^{-3}$$

On constate ainsi que l'intensité spectrale du laser est nettement supérieure à celle de la lumière du soleil.

1.5.2 Compromis intensité – directivité

La grandeur illustrant ce compromis est l'intensité énergétique **$\mathcal{J}(\Omega)$** définie par [1] :

$$dI = \mathcal{J}(\Omega)\ \Delta\Omega$$

où dI est l'intensité émise dans l'intervalle spectral **$\Delta\Omega$. $\mathcal{J}(\lambda)$** s'exprime en W $m^{-2}Sr^{-1}$.

Il y a lieu de remarquer qu'une source conventionnelle émet de la lumière dans toutes les directions.

Exemples :

(i) **Laser He-Ne** (Longueur d'onde**λ= 632,8 nm, Ω = 3,14 10^{-6})**

$$\mathcal{J}(\Omega) = \frac{I}{\Omega} = 1,3\ 10^9\ W\ m^{-2}Sr^{-1}$$

(ii) **Lumière du soleil**

$$\mathcal{J}(\Omega) = 2,7\ 10^6\ W\ m^{-2}Sr^{-1}$$

L'intensité énergétique du laser dépasse largement celle du soleil.

1.5.3 Compromis simultanée : intensité – monochromaticité – directivité

La grandeur pouvant traduire ce compromis est l'intensité spectrale énergétique $\mathcal{I}(\lambda,\Omega)$ définie par [1] :

$$dI = \mathcal{I}(\lambda,\Omega)\Delta\lambda\ \Delta\Omega$$

Exemples :

(i) Laser He-Ne (λ= 632,8 nm, $\mathcal{I}(\Omega)$ = 1,3 10^9 W $m^{-2}Sr^{-1}$, $\Delta\lambda$ = 2.10^{-12} m)

$$I(\lambda,\Omega)= \frac{I(\Omega)}{\Delta\lambda}= 6,5\ 10^{20}\ W\ m^{-2}Sr^{-1}$$

(ii) Lumière solaire

$$I(\lambda,\Omega)=\ 3,2\ 10^{12}\ W\ m^{-2}Sr^{-1}$$

Par rapport au soleil, le laser présente donc une amélioration colossale au sujet de ce compromis.

1.5.4 Application

Ce compromis est pleinement utilisé dans le domaine militaire en l'occurrence dans le cas d'un missile lancé sur une cible. Ainsi, cette dernière est éclairée par un faisceau laser qui répond à ce compromis [2]. En effet,

(i) La directivité du faisceau laser permet d'éclairer sélectivement un objet de faibles dimensions

(ii) L'intensité élevée du rayonnement laser permet d'obtenir une tache fortement lumineuse

(iii) La monochromaticité de la source laser permet au missile de détecter la tache lumineuse en plein jour comme si c'était dans une nuit obscure. En effet, on peut utiliser un filtre étroit centré sur la longueur d'onde du laser qui laisse passer toute la lumière diffusée par la cible et arrêter la quasi-totalité de la lumière du jour.

1.6 Modes du laser [1, 2]

Les lasers peuvent fonctionner en **mode continu** (leur puissance est constante) ou en **mode d'impulsions** (ils émettent alors pendant une durée brève, s'arrêtent avant d'émettre de nouveau). Ce dernier mode peut être **relaxé** (émission de quelques millisecondes ou microsecondes), ou **déclenché** (Q-switched, quelques nanosecondes).

Chapitre 2

Mécanismes d'émission et d'absorption

2.1 Loi de Boltzmann à l'équilibre thermodynamique

Soit un système à deux niveaux énergétiques E_1 et E_2 avec $E_1 < E_2$ (Figure 2.1)

Figure 2.1 : Système à deux niveaux énergétiques

Soient N_1 et N_2 le nombre d'électrons situées respectivement sur les niveaux E_1 et E_2, à l'équilibre thermodynamique. Le rapport de ces populations s'écrit [3]:

$$N_1 / N_2 = \exp [- (E_2 - E_1) / k_B T]$$

où k_B est la constante de Boltzmann et T est la température absolue du système.

Exemple : Laser He-Ne (Longueur d'onde **λ= 632,8 nm, T = 300K)**

$E_2 - E_1 = 2$ eV et $N_1 / N_2 = 2{,}7\ 10^{-34}$

2.2 Mécanismes d'absorption – émission

Dans le cas d'un système à deux niveaux énergétiques E_1 et E_2 avec $E_1 < E_2$, on peut distinguer trois processus :

2.2.1 Emission spontanée (Figure 2.2.a)

Un électron situé sur le niveau E_2 peut passer spontanément (sans excitation extérieure) au niveau E_1 en émettant un photon d'énergie $h\nu = E_2 - E_1$. Ce processus a lieu avec une certaine probabilité par unité de temps que l'on notera A.

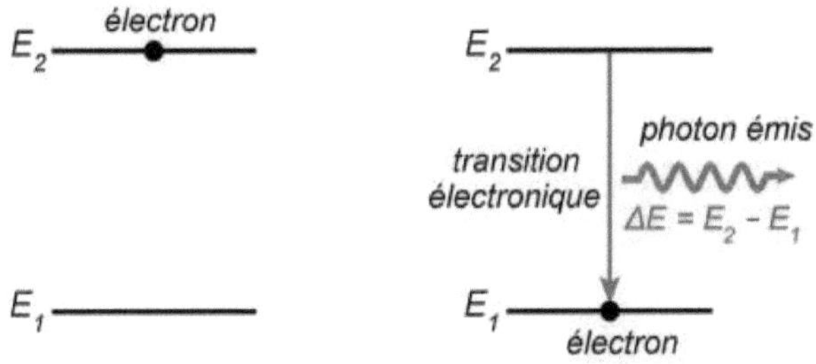

Figure 2.2.a : Emission spontanée [4]

Soit $N_2(t)$ le nombre d'électrons situés sur le niveau E_2. La variation de $N_2(t)$ due au processus d'émission spontanée est donnée par :

$$\frac{dN_2\,(t)}{dt} = -AN_2\,(t)$$

Soit $N_1(t)$ le nombre d'électrons situés sur le niveau E_1. La variation de $N_1(t)$ due au processus d'émission spontanée s'écrit :

$$\frac{dN_1\,(t)}{dt} = AN_2\,(t)$$

Il convient de signaler que l'émission spontanée s'effectue sans direction privilégiée. Il s'agit d'un processus isotrope [1].

2.2.2 Absorption (Figure 2.2.b)

C'est le processus inverse de l'émission spontanée. Ainsi, un photon d'énergie $h\nu$ est absorbé par un électron situé au niveau E_1 qui passe alors au niveau supérieur E_2. Ce processus a lieu avec une certaine probabilité par unité de temps que l'on notera C

Soit N_1 le nombre d'électrons situés sur le niveau E_1. La variation de N_1 due au processus d'absorption est :

$$\frac{dN_1\,(t)}{dt} = -CN_1\,(t)$$

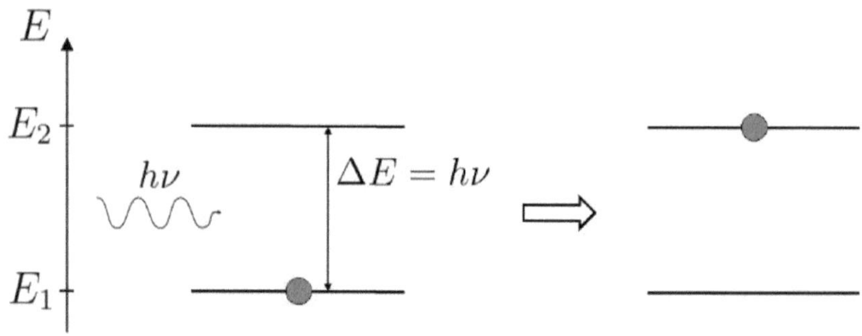

Figure 2.2.b Absorption [4]

Soit N_2 le nombre d'électrons situés sur le niveau E_2. La variation de N_2 due au processus d'absorption est donné par :

$$\frac{dN_2\ (t)}{dt} = CN_1\ (t)$$

2.2.3 Emission stimulée : (Figure 2.2.c)

La transition du niveau E_2 vers le niveau E_1 est stimulée par un photon incident d'énergie E_2 - E_1. En d'autres termes, un électron du niveau E_2 peut se désexciter en émettant un photon dit « photon stimulée » dont les propriétés sont les mêmes que celles du photon incident. Le processus d'émission stimulée a lieu avec la probabilité par unité de temps C.

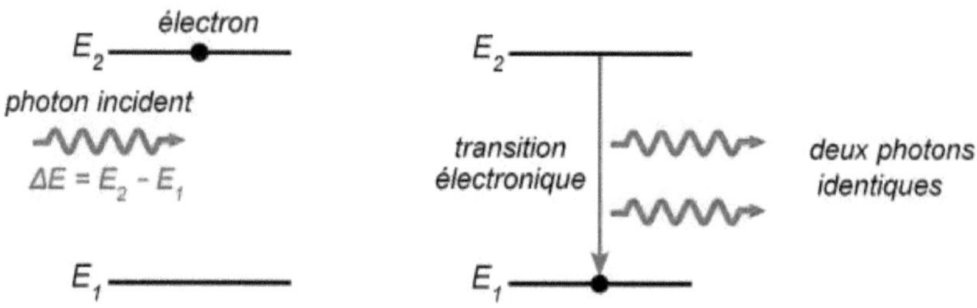

Figure 2.2.c : Emission stimulée [4]

Soit N_1 le nombre d'électrons situés sur le niveau E_1. La variation de N_1 due au processus d'émission stimulée s'écrit:

$$\frac{dN_2\ (t)}{dt} = -CN_2\ (t)$$

Soit N_2 le nombre d'électrons situés sur le niveau E_2. La variation de N_2 due au processus d'émission stimulée est donnée par :

$$\frac{dN_1\ (t)}{dt} = CN_2\ (t)$$

Remarques

(i) Le processus d'émission stimulée est à l'origine d'une amplification de lumière. En effet, partant d'un photon initial, on obtient deux photons dans la voie finale.

(ii) L'émission stimulée ne peut avoir lieu que dans le cas où un photon incident est présent.

(iii) Le photon « stimulé » étant indiscernable du photon incident, s'incorpore à l'onde incidente en la renforçant.

(iv) Le photon « stimulé » est émis dans la même direction. Contrairement à l'émission spontanée, l'émission stimulée n'est pas isotrope.

Chapitre 3

Principe de base du laser

3.1 Position du problème

Le laser se base sur le processus de l'émission stimulée. Néanmoins, si on excite un système à deux niveaux E_1 et E_2 (Figure 3.1) avec un rayonnement d'énergie hν on assiste au déroulement du processus d'absorption et celui d'émission stimulée avec la même probabilité.

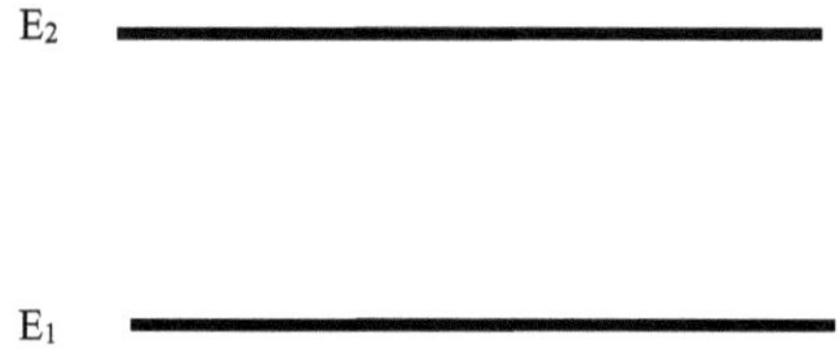

Figure 3.1 : Système à deux niveaux énergétiques

Afin de favoriser l'émission stimulée, il est nécessaire que la population du niveau E_2 soit supérieure à celle du niveau E_1. Ceci est impossible pour un système à l'équilibre. En effet, d'après la statistique de Boltzmann, la population du niveau inférieur est bien supérieure à celle du niveau supérieur (**Chapitre 2**). En conséquence, il faut disposer d'un moyen permettant au niveau supérieur d'être plus peuplé que le niveau inférieur [1, 2]. On réalise, ainsi, une « inversion de population ». Ceci est assuré par ce qu'on appelle opération de pompage.

En réalité, l'inversion de population n'est pas possible avec un système à deux niveaux. En fait, Il faut disposer d'un système qui comporte au moins trois niveaux.

3.2 Processus mis en jeu

Considérons un système à trois niveaux (Figure 3.2).

(i) On excite ce système de sorte que les électrons transitent du niveau E_1 vers le niveau E_3.

(ii) A partir du niveau E_3, les électrons se désexcitent très rapidement vers le niveau E_2. Ce dernier est métastable de sorte que la durée de vie des électrons situés sur le niveau E_2 est beaucoup plus élevée que celle associée au niveau E_3.

(iii) La transition du niveau E_2 vers le niveau E_1 s'effectue par émission stimulée. Il s'agit d'une transition radiative appelée « transition laser ».

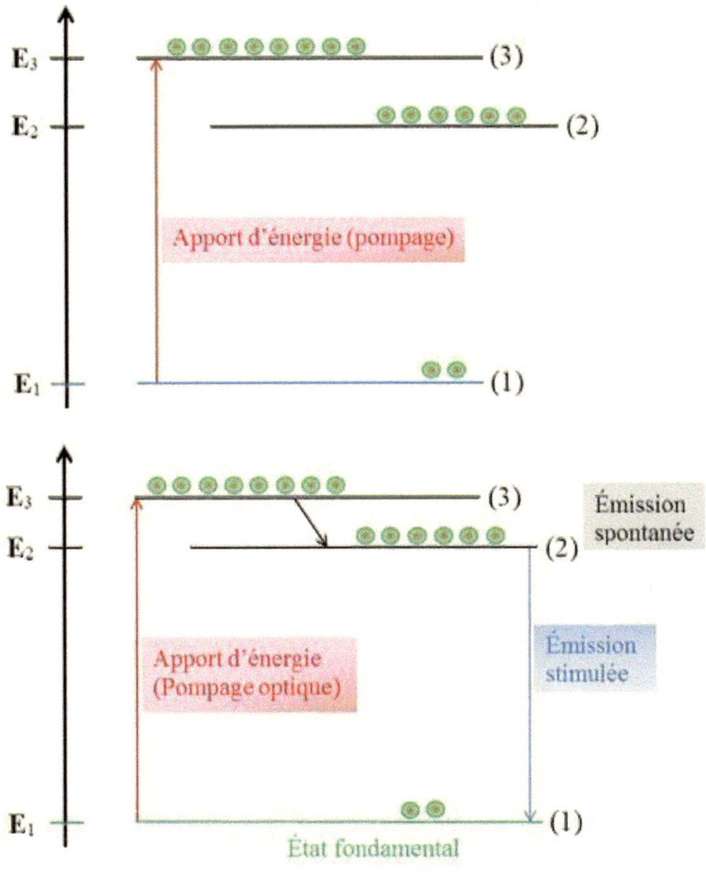

Figure 3.2 : Processus mis en jeu pour un système à trois niveaux [5]

Remarques

(i) L'inversion de population réalisée par pompage et l'émission stimulée sont des processus plus probables pour un système à quatre niveaux (Figure 3.3).

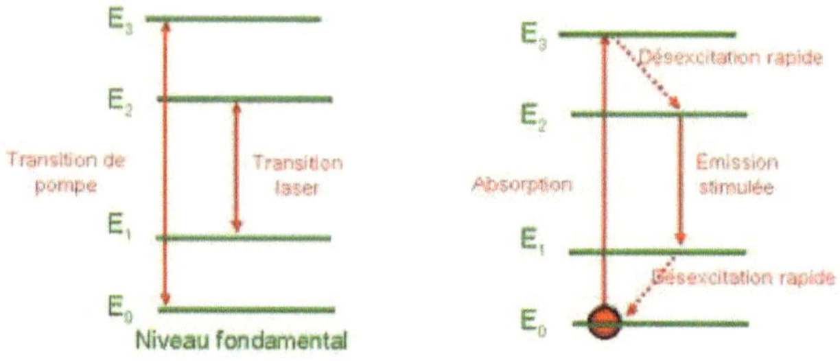

Figure 3.3 : Processus mis en jeu pour un système à quatre niveaux [6]

(ii) Le processus d'émission stimulée est certes nécessaire pour le fonctionnement du laser mais n'est pas suffisant pour amplifier la lumière.

3.3 Principe de fonctionnement du laser

D'un point de vue opérationnel, on insère le système que l'on appellera, désormais, le milieu actif dans une cavité optique (Figure 3.4) [1, 2]. Celle-ci est constituée de deux miroirs : le miroir à gauche, appelé réflecteur, réfléchit totalement la lumière. Le miroir à droite, appelé coupleur, est semi-réfléchissant et laisse sortir une portion du faisceau lumineux.

La cavité a pour rôle d'amplifier la lumière. En effet, les photons constituant la lumière subissent au sein de la cavité des aller- retour. A chaque aller ou retour, les photons traversent une fois de plus le milieu actif et provoquent l'émission stimulée d'autres photons. Ainsi, les multiples aller – retour conduisent à une amplification considérable de la lumière.

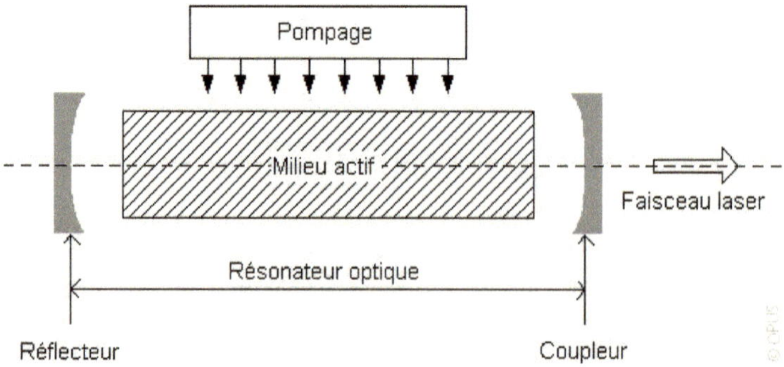

Figure 3.4 : Schéma du dispositif laser [7]

3.4 Conclusion

Le fonctionnement d'un laser nécessite un dispositif composé des éléments suivants :

(i) Un milieu actif comportant au moins trois niveaux

(ii) Un moyen de pompage permettant d'inverser la population

(iii) Une cavité résonnante permettant d'amplifier la lumière via des multiples aller – retour

Remarque

Le miroir M_2 permet à intervalles réguliers d'extraire une portion du faisceau laser afin de pouvoir l'utiliser.

Chapitre 4

Caractéristiques du dispositif laser

4.1 Système de pompage

Il existe plusieurs moyens de pompage (pompage optique, pompage électrique, pompage chimique…) [1]. Au sujet du pompage optique, l'excitation du milieu actif s'effectue au moyen de photons provenant d'une lampe flash, une diode électroluminescente, une lampe à gaz…Concernant le pompage électrique, on utilise les décharges dans des tubes de gaz ou encore un courant électrique dans des semi-conducteurs ...Il convient de signaler que le pompage peut même s'effectuer par voie chimique.

On rappelle que dans le cas d'un milieu actif à trois niveaux, le pompage entraine les transitions électroniques du niveau E_1 jusqu'au niveau E_3 ensuite les transitions non radiatives du niveau E_3 au niveau E_2. Ceci permet d'avoir une population électronique du niveau E_2 supérieure à celle du niveau E_1.

4.2 Milieu actif

4.2.1 Fréquence propre du milieu actif

On se situe dans le cas où la transition « laser » a lieu entre deux niveaux E_2 et E_1 de sorte que $E_2 > E_1$ (Figure 4.1).

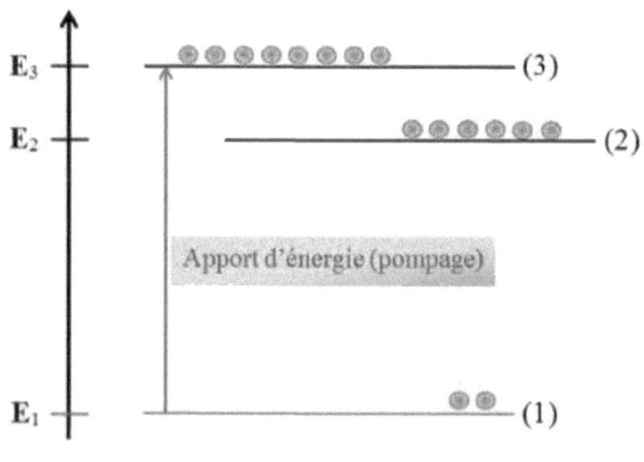

Figure 4.1 : Transition stimulée ou transition laser pour un système à trois niveaux [5]

La fréquence propre du milieu actif est donnée par :

$$\nu_0 = \frac{E_2 - E_1}{h}$$

4.2.2 Bande passante du milieu actif

Conformément au principe d'incertitude d'Heisenberg, la largeur du niveau énergétique E_1 n'est pas nulle et s'exprime comme étant :

$$\Delta E_1 = \frac{\hbar}{\tau_1}$$

où τ_1 est la durée de vie d'un électron sur le niveau E_1.

De même, la largeur du niveau E_2 est donnée par :

$$\Delta E_2 = \frac{\hbar}{\tau_2}$$

Ceci est illustré sur la figure 4.2.

Figure 4.2 : Largeurs de deux niveaux énergétiques

En vertu de ce qui précède, la plus grande fréquence, associée aux transitions électroniques entre le niveau E_1 et le niveau E_2 s'écrit :

$$\frac{1}{h}\left[\left(E_2 + \frac{\Delta E_2}{2}\right) - \left(E_1 - \frac{\Delta E_1}{2}\right)\right] = \nu_0 + \frac{\Delta E_1 + \Delta E_2}{2h} = \nu_0 + \frac{\Delta\nu}{2}$$

Concernant la plus faible fréquence, elle s'écrit :

$$\frac{1}{h}\left[\left(E_2 - \frac{\Delta E_2}{2}\right) - \left(E_1 + \frac{\Delta E_1}{2}\right)\right] = \nu_0 - \frac{\Delta E_1 + \Delta E_2}{2h} = \nu_0 - \frac{\Delta\nu}{2}$$

En conséquence, la raie émise possède une largeur qui vaut :

$$\Delta\nu = \frac{\Delta E_1}{h} + \frac{\Delta E_2}{h}$$

4.2.3 Gain du milieu actif

Le gain d'un milieu actif est défini par la rapport suivant :

$$G(\nu) = \frac{N_s}{N_e}$$

où N_s est le nombre de photons par seconde avant le passage du milieu actif alors que N_e est le nombre de photons par seconde après le passage du milieu actif. Le gain G(ν) présente l'allure suivante :

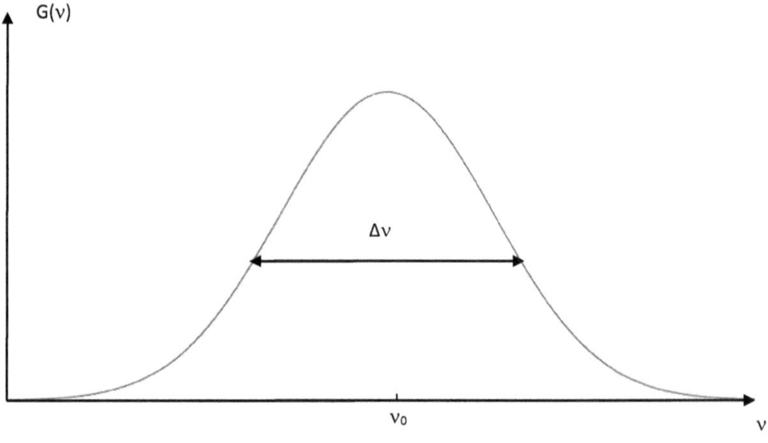

Figure 4.3 : Gain du milieu actif en fonction de la fréquence

G(ν) est maximum pour $\nu = \nu_0$ et décroit de part et d'autre de ν_0 selon un profil gaussien. L'élargissement de la courbe de gain en dehors de Δν est dû à plusieurs effets comme par exemple celui de l'appareillage.

4.2.4 Condition portant sur le gain

D'un point de vue pratique, le gain doit dépasser un certain seuil G_s afin que le fonctionnement du dispositif laser puisse avoir lieu. Cela est dû aux pertes enregistrées. Ainsi, on associe à G_s une bande passante pratique $\Delta\nu_s$ (Figure 4.4).

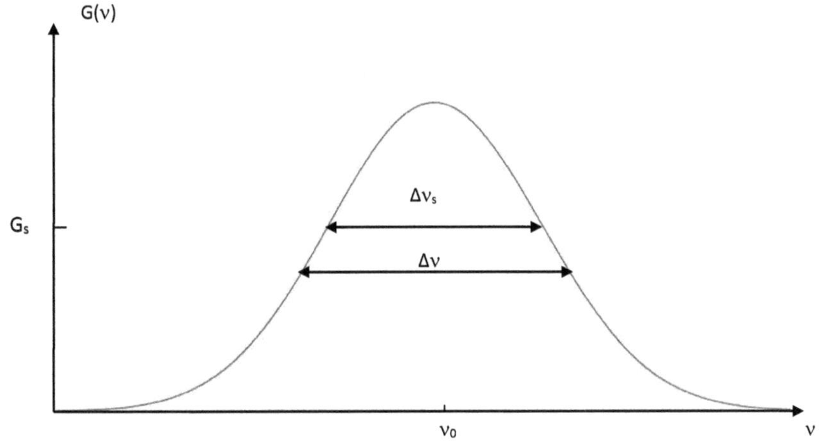

Figure 4.4 : Courbe de gain – Bande passante pratique

4.3 Cavité optique

On rappelle qu'une cavité optique est un instrument constitué de deux miroirs M_1 réfléchissant et M_2 semi-réfléchissant. Plus précisément, il s'agit d'un interféromètre de type Fabry – Pérot. Ainsi, un rayon lumineux interfère, d'une manière constructive, avec lui-même, après un aller –retour lorsque la différence de marche δ est un multiple entier de la longueur d'onde λ. Soit :

$$\delta = k\,\lambda$$

En utilisant les relations :

$$\delta = 2\,L$$

et

$$\lambda = \frac{c}{\nu}$$

on déduit :

$$2\,L = \frac{k\,c}{\nu}$$

ce qui donne :

$$\nu_k = \frac{k\,c}{2\,L}$$

où k = 1, 2, 3, …

Les modes de la cavité correspondent aux fréquences ν_k

4.4 Bilan synthétique

Les considérations évoquées dans les paragraphes **4.2** et **4.3** révèlent que le fonctionnement du dispositif laser est assujetti aux deux conditions suivantes :

(i) La fréquence ν de la transition laser doit être située dans la gamme $\Delta\nu_s$ centrée autour de la fréquence propre ν_0

(ii) La fréquence ν doit être de type :

$$\nu_k = \frac{k\,c}{2\,L}$$

où k = 1, 2, 3, …

Les fréquences qui satisfont aux conditions (i) et (ii) correspondent aux modes oscillants ou encore aux modes effectivement réalisables.

Le nombre de modes effectivement réalisables dépend de la largeur $\Delta\nu_s$ par rapport à l'intervalle $\frac{c}{2L}$

Dans le cas de la figure 4.5, on distingue 6 fréquences susceptibles d'osciller.

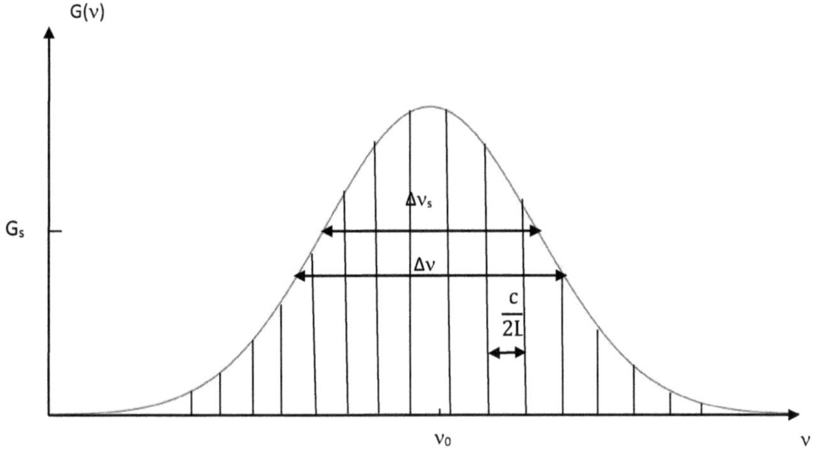

Figure 4.5 : Modes effectivement réalisables

(i) Lorsque $\Delta\nu_s < \frac{c}{2L}$, on distingue deux cas de figures :

(a) Aucune fréquence ne peut osciller (figure 4.6)

(b) Une seule fréquence est en mesure d'osciller (figure 4.7)

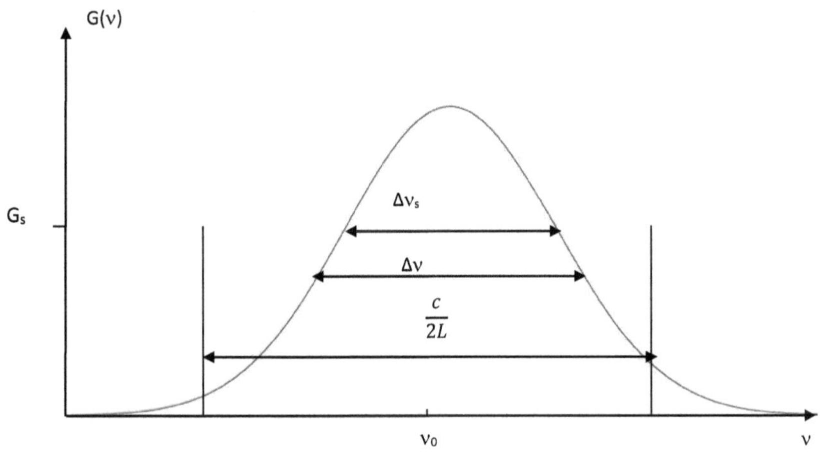

Figure 4.6 : Absence de modes oscillants

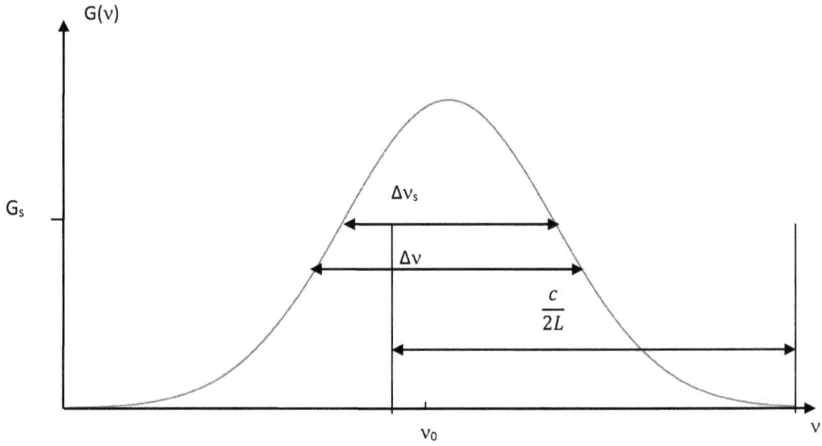

Figure 4.7 : Un seul mode oscillant

4.5 Types de cavités

4.5.1 Position du problème

Bien que simple, la cavité constituée de deux miroirs parallèles n'est pas pratique à utiliser en raison de l'échappement facile de la lumière. On doit, donc, songer à d'autres configurations géométriques des miroirs constituant la cavité [1, 2].

4.5.2 Cavité à miroirs sphériques

Moyennant deux miroirs sphériques de rayons de courbures R_1 et R_2, plusieurs configurations de cavités peuvent être réalisées [1, 2]:

(i) Les deux miroirs ont le même centre ce qui correspond à :
$R_1 + R_2 = L$.
Il s'agit d'une cavité concentrique.

(ii) Le miroir M_1 est sphérique alors que M_2 est placé au centre de M_1.
Il s'agit d'une cavité hémisphérique.

(iii) Les miroirs M_1 et M_2 sont identiques de sorte que les rayons de courbure coïncident avec la longueur de la cavité ($R_1 = R_2 = L$)

Cette cavité offre l'avantage de produire des faisceaux extrêmement fins.

(iv) Le miroir M_1 est concave alors que le miroir M_2 est convexe. Cette cavité permet de ne pas focaliser fortement le faisceau évitant ainsi de détruire le milieu actif.

4.5.3 Stabilité de la cavité

Par stabilité de la cavité, on entend la situation pour laquelle les miroirs qui la constituent peuvent confiner la lumière. Dans le cas contraire (cavité instable), un rayon de la cavité en sortira après quelques réflexions sur les miroirs et sera perdu.

Chapitre 5

Faisceau gaussien

5.1 Introduction

Le faisceau laser issu d'une cavité laser stable constituée de deux miroirs sphériques présente un profil gaussien [1-3]. Il s'agit donc d'un faisceau gaussien.

5.2 Paramètres d'un faisceau gaussien

5.2.1 Largeur

Pour un faisceau gaussien, la largeur W(z) est minimale à son origine et vaut W_0 (Figure 5.1). W(z) s'exprime en fonction de W_0 comme étant [1-3]:

$$W(z) = W_0 \left(1 + \left(\frac{z}{z_R}\right)^2\right)^{\frac{1}{2}}$$

où z_R est la portée de Rayleigh.

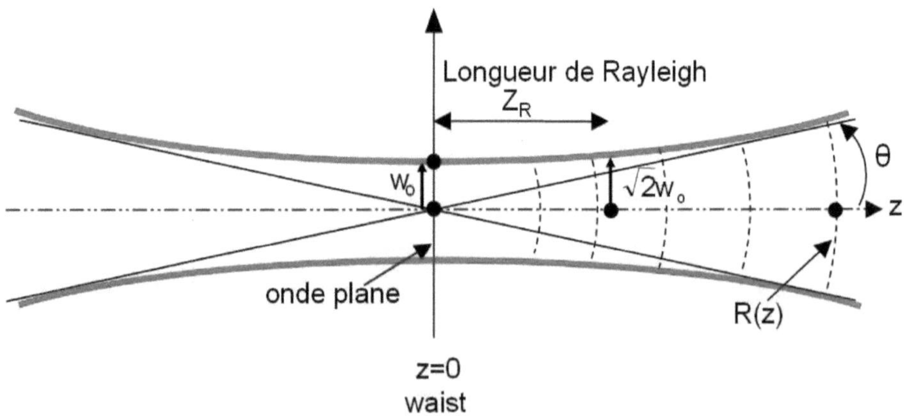

Figure 5.1 : Largeur d'un faisceau gaussien en fonction de z [6]

5.2.2 Portée de Rayleigh

Elle s'exprime comme étant [1-3]:

$$z_R = \frac{\pi}{\lambda} W_0^2$$

où λ est la longueur d'onde du faisceau laser. Il convient de signaler qu'à une distance égale à z_R, on a :

$$W(z_R) = W_0 \sqrt{2}.$$

5.2.3 Rayon de courbure

A chaque front d'onde on associe un rayon de courbure donné par :

$$R(z) = z\left(1 + \left(\frac{z_R}{z}\right)^2\right)$$

En particulier,

$$R(z_R) = 2z_R$$

et

$$R(z = 0) = \infty$$

5.2.4 Divergence

Le faisceau laser subit une faible divergence par rapport à son axe de propagation. Cette divergence peut être traduite par l'angle θ donné par :

$$\operatorname{tg}\theta = \frac{W(z_R)}{z_R} = \frac{\sqrt{2}}{\pi}\frac{\lambda}{W_0}$$

En vertu du fait que θ est faible, on peut écrire :

$$\theta = \frac{\sqrt{2}}{\pi}\frac{\lambda}{W_0}$$

5.3 Intensité d'un faisceau gaussien

L'intensité du faisceau gaussien ou éclairement s'exprime en tant que fonction de deux variables : z et r où r est la première variable du système de coordonnées cylindriques. Cette intensité est donnée par [1-3] :

$$I(r, z) = \frac{I_0 \, W_0^2}{W^2(z)} \exp\left(\frac{-2r^2}{W^2(z)}\right)$$

En particulier, pour z = 0, l'éclairement s'écrit :

$$I(r, z = 0) = I_0 \, \exp\left(\frac{-2r^2}{W_0^2}\right)$$

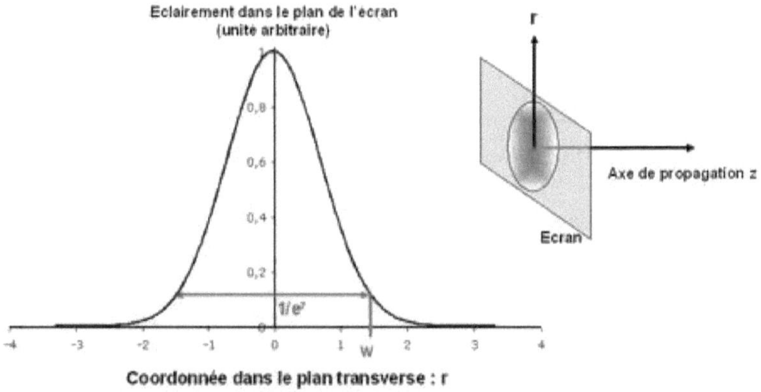

Figure 5.2 : Intensité d'un faisceau gaussien en fonction de r (z = 0) [9]

Deux conclusions en découlent :

(i) Pour toute valeur de z, l'intensité est maximale en r = 0.

(ii) Au fur et à mesure que z s'accroit, l'intensité du faisceau gaussien décroit pour r =0.

Chapitre 6

Aperçu sur les différents types du laser

6.1 Introduction

En fonction du milieu actif, on classe les lasers selon six familles [1-3].

6.2 Lasers cristallins

6.2.1 Milieu actif

Il s'agit de cristaux ou des verres dopés par un ion.

Exemples : Les ions de terres rares : Nd, Pr, Yb, Er,..

6.2.2 Longueur d'onde d'émission

Elle dépend essentiellement de l'ion en question même si la matrice de verre « hôte » a également un effet là-dessus.

Exemples :

(i) Al_2O_3 dopé chrome(C_r^{3+}) (λ = 694 nm)

(ii) Verre dopé néodyme(N_d^{3+}) ((λ = 1053 nm)

(iii) Yttrium Aluminium Grenat ($Y_3Al_5O_{12}$)(YAG) dopé néodyme (λ= 1064 nm) (Figure 6.1)

La gamme d'émission est donc large et s'étale de l'ultraviolet jusqu'au proche infrarouge.

(a)

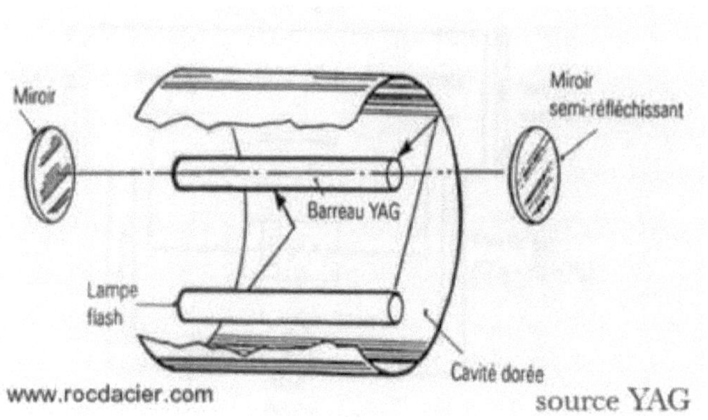

(b)

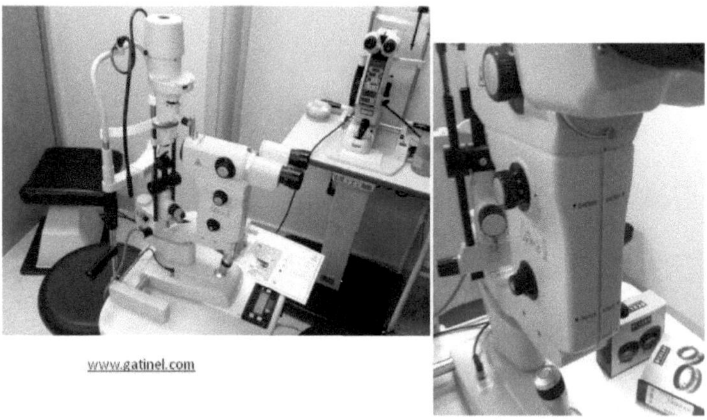

Figure 6.1 : (a) Schéma d'un Laser YAG [10] (b) Dispositif d'un Laser YAG [11]

6.2.3 Applications : Découpe des matériaux, soudage, marquage…

6.3 Lasers à gaz

6.3.1 Milieu actif

C'est un gaz contenu dans un tube en verre ou en quartz (Figures 6.2 et 6.3).

Exemples

(i) Lasers à hélium – Néon (He-Ne)

(ii) Lasers à dioxyde de Carbone (CO_2)

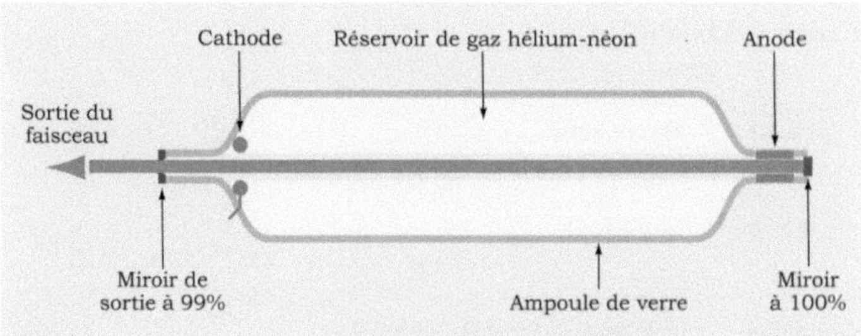

Figure 6.2 : Schéma de base du laser He-Ne [12]

Figure 6.3 : Dispositif du laser He-Ne [12]

6.3.2 Longueur d'onde d'émission

Laser He-Ne, (λ= 632 nm)

Laser CO_2, (λ= 10,6 μm)

6.3.3 Applications

Laser He-Ne: Laboratoires, spectacles, travaux publics

Laser CO_2 : Découpe des matériaux, gravure…

6.4 Lasers à semi-conducteurs

6.4.1 Milieu actif

Il s'agit de diodes à base des semi-conducteurs

Exemple : Le GaAs

6.4.2 Longueur d'onde d'émission

Celle –ci couvre tout le domaine du visible sans oublier la longueur d'onde (λ= 780 nm) qui appartient à l'infrarouge.

6.4.3 Applications

Télécommunications, imprimantes, lecteurs CD…

6.5 Lasers à fibre

6.5.1 Milieu actif

C'est une fibre optique dopée avec un ion de terre rare (Figure 6.4).

Exemples : une fibre optique dopée avec l'ytterbium.

6.5.2 Longueur d'onde d'émission

La gamme est la même que celle du laser YAG

6.5.3 Applications

Marquage…

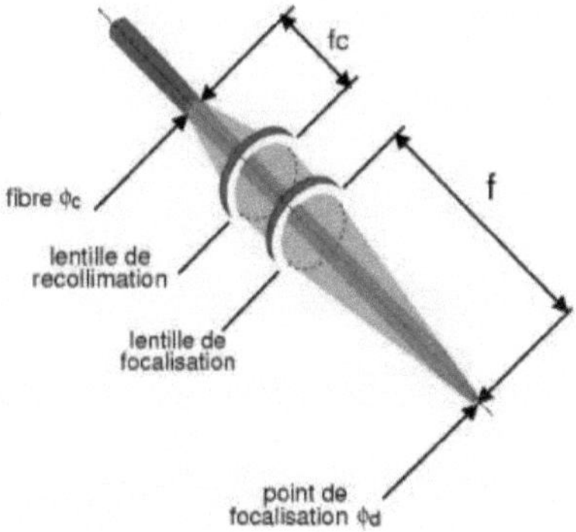

Figure 6.4 : Schéma de base d'un laser à fibre [13]

6.6 Lasers à colorants

6.6.1 Milieu actif

Il s'agit d'un colorant organique

Exemple

Rhodamine 6G enfermé dans une fiole de verre

6.6.2 Longueur d'onde d'émission

On peut fixer certaines longueurs d'onde à l'aide d'un prisme

6.6.3 Applications

Médecine (Dermatologie,…)

6.7 Lasers à électrons libres

6.7.1 Milieu actif

C'est un onduleur qui reçoit un faisceau d'électrons (Figure 6.5).

6.7.2 Longueur d'onde d'émission

Il suffit de régler la vitesse des électrons pour pouvoir obtenir une lumière laser de longueur d'onde pouvant varier de l'infrarouge lointain aux rayons X.

6.7.3 Applications

Domaines de la recherche scientifique.

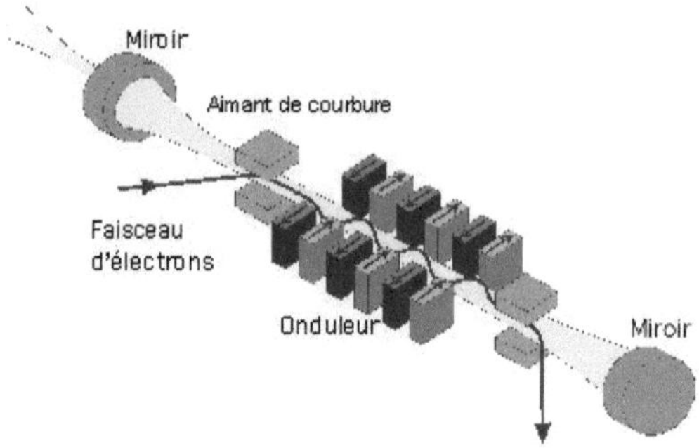

Figure 6.5 : Schéma de base d'un Laser à électrons libres [14]

Chapitre 7

Quelques applications des lasers

7.1 Diffractométrie

L'étude de lumière diffractée par un objet illuminé par un laser renseigne sur les dimensions et caractéristiques de cet objet.

A titre illustratif, la figure 7.1 présente le cas d'une expérience diffraction par une simple fente. L'expérience permet de remonter à la largeur a de la fente.

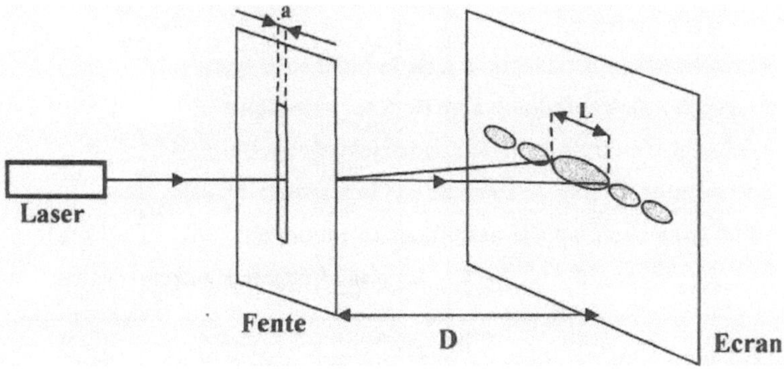

Figure 7.1 : Diffraction laser pour une simple fente [15]

7.2 Applications énergétiques

7.2.1 Position du problème

On envoie sur un matériau un faisceau laser d'intensité I_0 que l'on appellera faisceau incident. Une fraction I_r est réfléchie alors qu'une autre fraction I_a est absorbée de sorte que :

$$I_0 = I_r + I_a$$

L'énergie des photons absorbés se convertit en chaleur par accroissement des vibrations de la structure cristalline du matériau. Cette transformation s'effectue dans une zone d'interaction d'épaisseur variant, selon le matériau en question, de quelques nm (cas des métaux) jusqu'à quelques nm (cas de la résine) (figure 7.2)..

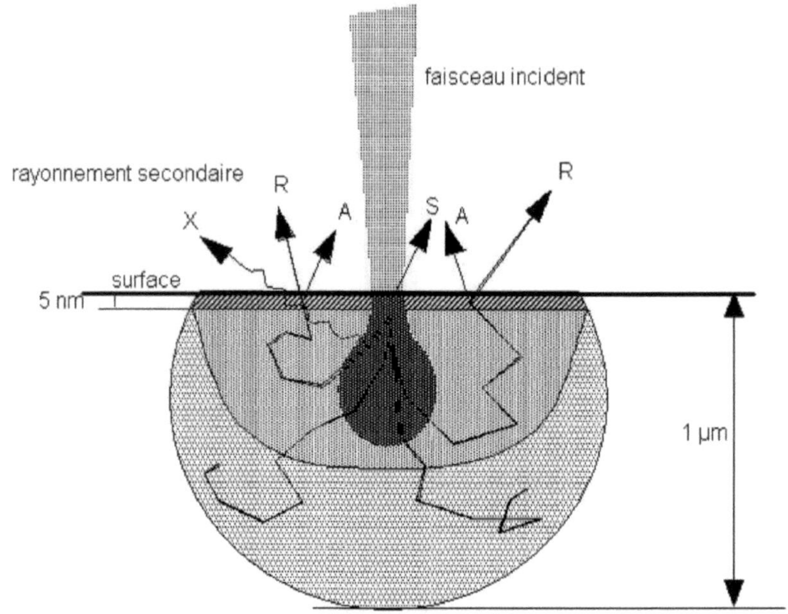

Figure 7.2 : Zone d'interaction laser – matière [16]

Il convient de signaler que cette zone d'interaction devient une source de chaleur intense qui échauffe la matière par conduction thermique.

7.2.2 Grandeurs physiques mises en jeu

La réflectivité R : c'est le rapport de l'intensité réfléchie sur l'intensité incidente ou encore c'est la fraction de l'intensité réfléchie.

$$R = \frac{I_r}{I_0}$$

L'émissivité ξ : c'est la fraction de l'intensité absorbée. Soit :

$$\xi = \frac{I_a}{I_0}$$

La conductivité K: c'est l'aptitude d'un matériau à conduire la chaleur.

7.2.3 Variation de la température

La température en un point F du matériau s'exprime comme étant [1]:

$$T = T_0 + \frac{\xi I_0 W}{K}$$

où T_0 est la température initiale au point F et W correspond au diamètre du faisceau laser.

Il est évident que l'accroissement de la température est proportionnel à l'émissivité, à l'intensité incidente et au rayon du faisceau alors qu'il est inversement proportionnel à la conductivité.

7.2.4 Fusion et soudure

La concentration de l'énergie émise par un laser sur un matériau porte rapidement ce dernier à sa température de fusion (Figure 7.3). Se basant sur le même principe, la soudure par laser est devenue possible et s'est révélée comme une méthode de grand intérêt (Figure 7.4).

L'intensité focalisée doit être de l'ordre de $10^5 - 10^6$ W cm^{-2} et les sources utilisées sont des lasers à YAG – néodyme, à verre – néodyme ou à gaz carbonique.

Le champ d'application de la soudure par laser est large et s'étend des circuits intégrés réduits jusqu'aux carrosseries automobiles gigantesques.

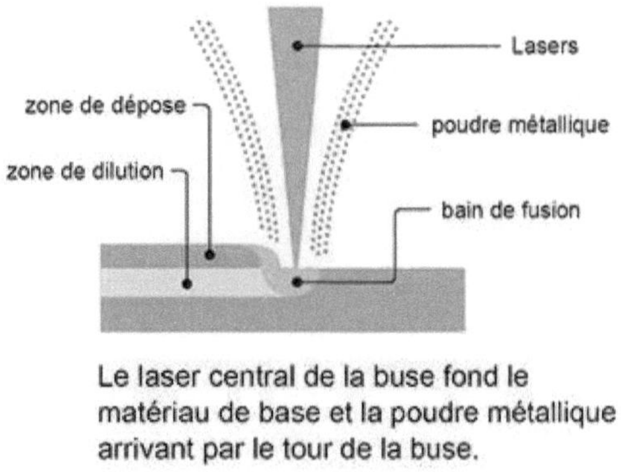

Figure 7.3 : Description schématique de la fusion laser [17]

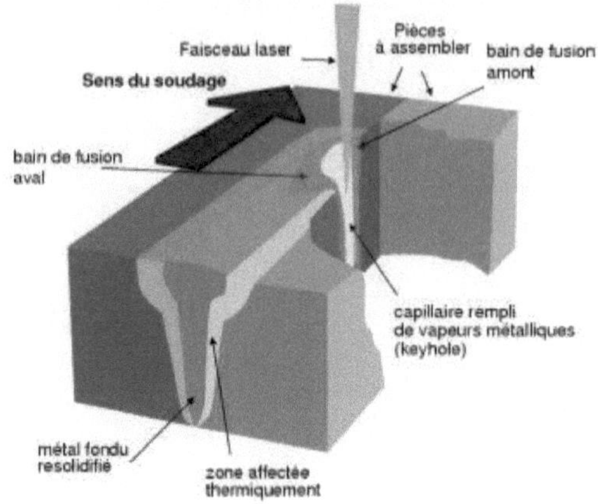

Figure 7.4 : Description schématique de la soudure laser [18]

7.2.5 Découpe

Si on envoie des impulsions lasers très courtes (de durée inférieure à la milliseconde), l'échauffement est alors très rapide et on parvient à provoquer l'ébullition du matériau. Ceci ouvre la voie pour percer et découper le matériau en question (Figure 7.5).

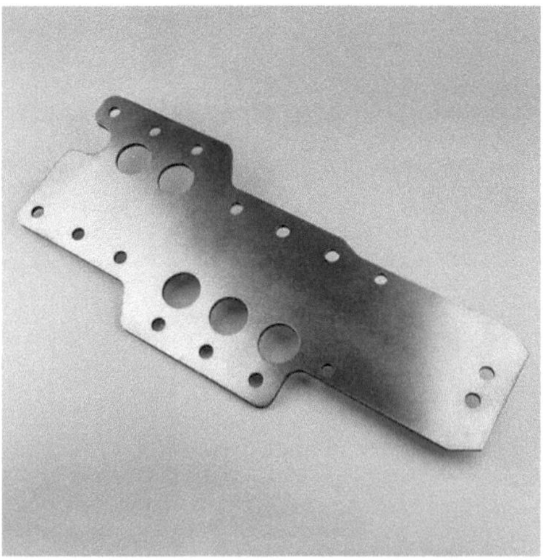

Figure 7.5 : Pièce métallique découpée par un faisceau laser [19]

7.2.7 Vaporisation

Si la durée de l'impulsion laser est extrêmement courte (quelques dizaines de nanosecondes) avec une intensité de l'ordre de 10^9 W cm^{-2} alors l'échauffement est si rapide que le matériau est instantanément vaporisé sur une profondeur assez faible. Ceci est à l'origine d'une ablation sélective de faibles quantités de matière.

Les sources utilisées à cet effet sont des lasers à solides.

7.2.8 Microchirurgie

Le laser peut avoir une action déterminante sur les tissus vivants. A titre d'exemple, on peut citer le traitement du décollement de la rétine. Ainsi, on focalise, durant quelques secondes, sur le fond de l'œil, un laser à argon permettant de « souder » la rétine.

Le laser est également employé dans des interventions de type « bistouri » et présente l'avantage d'une absence d'hémorragie et de la rapidité de cicatrisation.

7.3 Applications au transport de l'information

7.3.1 Alignements

La directivité impressionnante d'un faisceau laser offre plusieurs possibilités. Ainsi, le rayon laser matérialise avec une grande précision l'axe d'un tunnel à creuser, la verticale afin de construire une tour ou encore la cible des missiles militaires…

7.3.2 Télécommunications

Concernant les applications en télécommunications, on utilise des diodes lasers couplées et des fibres optiques (Figures 7.6 et 7.7).

Il convient de signaler qu'une diode laser émet de la lumière monochromatique cohérente qui permet de transporter un signal contenant des informations sur de longues distances.

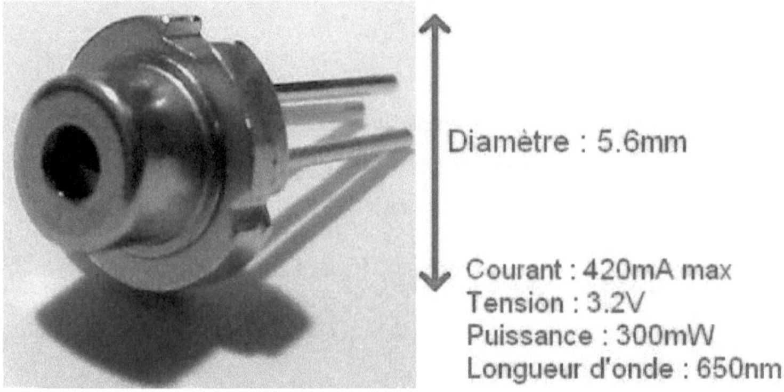

Figure 7.6 : Diode laser rouge 300 mW [20]

Une fibre optique est un fil en verre ou en plastique très fin qui sert dans la transmission de données et de lumière.

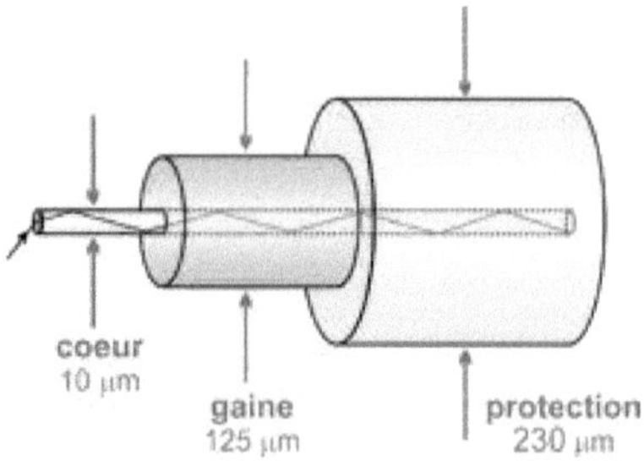

Figure 7.7 : Fibre optique [21]

7.3.3 Mesure des longueurs

Considérons le cas des grandes distances (de l'ordre de plusieurs milliers de kilomètres). C'est par exemple la distance L séparant la terre de la lune.

On s'intéresse à la mesure du temps τ mis par une impulsion laser très brève pour aller se réfléchir sur un obstacle situé sur la lune avant de revenir exactement dans la direction d'incidence (Figure 7.8). Ce temps permet de remonter à la distance L en utilisant la relation suivante :

$$L = \frac{1}{2} c\, \tau$$

A cet effet, on utilise le laser à néodyme. S'agissant des réflecteurs, ils ont été déposés lors des vols Apollo 11, 14 et 15.

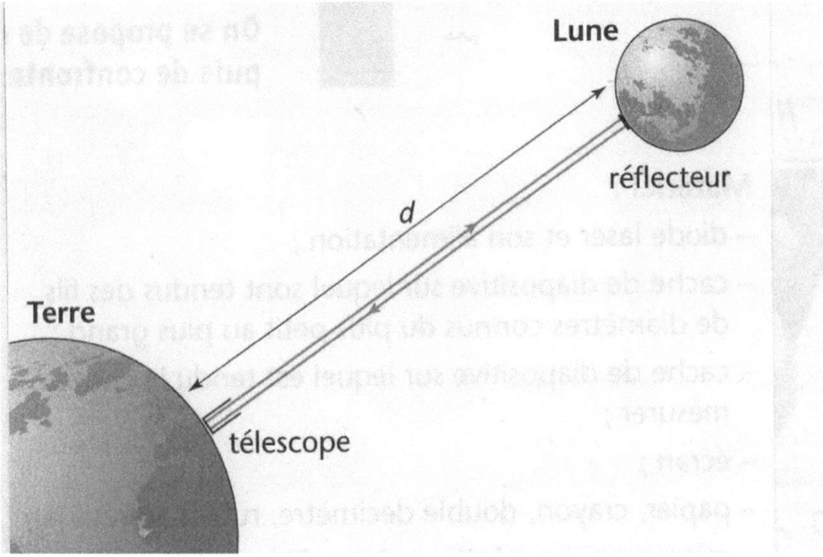

Figure 7.8 : Principe de la mesure de la distance terre – lune [22]

Références bibliographiques

[1] René Farcy « Applications des lasers, Principes optiques avec problèmes commentés », Masson, 1993.

[2] Francis Hartmann « Les lasers » Presses universitaires de France, 1991.

[3] Didier Dangoisse, Daniel Hennequin « Les lasers, cours et exercices corrigés », Dunod, 2004.

[4] Cours de Physique-chimie Terminale S - L'émission stimulée - le LASER MAXICOURS.COM.

[5] http://guy.chaumeton.pagesperso-orange.fr/scphysiques2010/tsch15.htm

[6] http://www.optique-ingenieur.org/fr/cours/OPI_fr_M01_C01/co/Contenu_08.html

[7] http://www.chimix.com/an15/kine15/assas2.html

[8] http://www.optique-ingenieur.org/fr/cours/OPI_fr_M01_C03/co/Contenu_08.html

[9] http://www.startimes.com/f.aspx?t=33536866

[10] https://www.rocdacier.com/cours-decoupe-laser-soudage-laser-marquage-laser/

[11] https://www.gatinel.com/glossaire/capsulotomie/

[12] https://fr.wikipedia.org/wiki/Laser_hélium-néon

[13] http://www.a2l-laser.com/index.php?page=transport

[14] http://www.cpps.u-psud.fr/?page_id=25

[15] http://www.chimix.com/an15/kine15/berck4.html

[16] https://www.stem.lps.u-psud.fr/book/export/html/197

[17] www.mazakeu.com/fr/machines-technology/technology/hybrid-multi-tasking-machine/

[18) http://www.a2l-laser.com/index.php?page=soudure

[19] http://www.sadela.eu/nos-activites/decoupe-laser

[20] https://www.astuces-pratiques.fr/electronique/diodes-laser-principe-et-technologie

[21] https://fr.wikipedia.org/wiki/Fibre_optique

[22] http://thierry.guindet.pagesperso-orange.fr/longueurs%20humaines.htm